대양 탐사 대항해에 도전하는 이사부호

과학으로 보는 바다 08

대양 탐사 대항해에 도전하는 이사부호

초판 1쇄 발행 | 2018년 12월 20일

지은이 | 김채수 · 강동진 · 노태근
펴낸이 | 이원중

펴낸곳 | 지성사 **출판등록일** | 1993년 12월 9일 등록번호 제10-916호
주소 | (03408) 서울시 은평구 진흥로 68(녹번동), 정안빌딩 2층(북측)
전화 | (02) 335-5494 **팩스** | (02) 335-5496
홈페이지 | 지성사.한국 / www.jisungsa.co.kr **이메일** | jisungsa@hanmail.net

ISBN 978-89-7889-408-1 (04400)
　　　978-89-7889-269-8 (세트)
잘못된 책은 바꾸어드립니다. 책값은 뒤표지에 있습니다.

〈과학으로 보는 바다〉 시리즈는
한국해양과학기술원의 주요 연구 사업에 대한 과학기술적 성과와 연구 과정을 담은 생생한 사진을
청소년은 물론 일반 독자들과 나누기 위하여 한국해양과학기술원에서 기획한 과학 교양도서입니다.
한국해양과학기술원 홈페이지 www.kiost.ac.kr

이 도서의 국립중앙도서관 출판예정도서목록(CIP)은 서지정보유통지원시스템 홈페이지(http://seoji.nl.go.kr)와
국가자료공동목록시스템(http://www.nl.go.kr/kolisnet)에서 이용하실 수 있습니다. (CIP제어번호: CIP2018040095)

대양 탐사
대항해에 도전하는
이사부호

김채수·강동진·노태근 지음

지성사

우리는 한 장의 사진을 보며 잊었던 사람들과 다시 만나고 그들과 나누었던 이야기들을 기억해낸다. 그 날의 장면을 회상하여 그때 일어났던 일들에 새로운 의미를 덧붙인다. 그리고 그때의 일들은 멋지게 편집되어 아름다운 추억으로 우리에게 남아 있다. 초등학교 시절 소풍 사진, 중학교 때의 수학여행 사진, 고등학교 졸업 사진을 볼 때마다 추억 속 친구들과 장난치며 재미있고도 유쾌한 시간을 보낸다. 사진첩을 열면 우리 모두는 그때의 기억 속으로 들어가 새로운 여행을 하는 것이다. 그런 의미에서 사진은 시간 여행의 안내자다.

여러분을 사진 여행으로 초대한다. 여행 장소는 우리나라 최첨단 종합해양과학조사선 '이사부호'다.

이사부호는 우리나라에서 가장 큰 종합해양과학조사선이다. 이사부호보다 규모가 큰 배는 얼마든지 있지만, 해양과학기술 연구를 위해 만든 배로는 가장 크다는 의미이다. 세포처럼 작은 세계를 보려면 좋은 현미경이 있어야 하고, 하늘의 별을 관찰하려면 좋은 망원경이 있어야 하듯이, 바다를 연구하려면 그 바다로 나아갈 큰 배가 필요하다.

이사부호가 만들어지기 전에도 바다를 연구하기 위한 배가 우리나라에 없었던 것은 아니었다. 그러나 사방을 둘러보아도 수평선뿐인 드넓은 대양에서 몇 달 동안이나 연구를 지속할 수 있는 정도의 큰 배는 이사부호가 처음이다.

이 사진 여행은 우리나라 해양과학자들이 처음으로 갖게 된 대양 연구 전용 종합해양과학조사선인 이사부호가 만들어지는 시점에서 시작할 예정이다. 대양으로 나아가는 대항해에 도전하는 이사부호와 해양과학자들의 탐사 활동 모습을 사진으로 보면서, 독자들 중 누군가와 우리나라 해양과학기술의 커다란 꿈에 대해 이야기를 나눌 수 있다면 좋겠다. 이사부호가 만들어지는 과정과 함께 최첨단 해양조사선이 무엇이고, 일반 선박과 달리 어떤 특별한 성능과 기능을 갖고 있는지, 과학자들이 조사선에서 어떤 탐사 활동을 하는지 엿볼 수 있을 것이다.

　이사부호는 한국해양과학기술원에서 오랜 기간 동안 준비하여 건조한 선박이다. 최첨단 해양과학조사선 건조 작업이라는 오랜 노력의 시간을 기억에서 되살려 이야기로 풀어내기 위해 조사선 건조사업 단장과 건조사업에 참여했던 감독관, 완성된 조사선의 성능시험에 참여한 해양과학자 한 분이 함께 한다.

　다만 사진이 중심이 되는 책이니 만큼 복잡한 선박 건조 과정을 간단하게 축약하여 설명

했고, 독자들의 이해를 돕고자 전문적인 내용은 일반화했다. 그리고 사진으로 이해하기 힘든 모델 시험, 진동 평가, 운항 설비 등의 일부 내용들은 제외했다. 그래서 전문가들이 보기에는 내용이 부족하게 보일 수도 있지만, 화보집인 만큼 이 점, 너그러이 이해해 주길 바란다.

이사부호 사진 여행의 첫 번째 여정은 이사부호가 어떻게 만들어졌는지를 살펴보는 이야기이다. 이사부호 설계 과정과 건조 현장을 둘러보며 건조 공정, 선박의 규모와 기능 그리고 우수한 운항 성능을 알 수 있는 장면들이 펼쳐질 것이다.

두 번째 여정은 이사부호가 수행하는 대양 탐사 이야기이다. 이사부호에 장착된 첨단 관측 기기, 채집 장치, 분석 장비 등 각종 장비들을 구경하고, 이사부호를 타고 탐사단원들이 수행하는 일들을 알아볼 것이다. 더불어 이사부호가 꿈꾸는 대양 연구의 미래를 잠시 살펴보는 것으로 이 여행은 끝난다. 안내자를 따라 사진을 보면서 즐겁게 여행하길 바란다.

사진 여행 여정 선정은 독자 예상층인 학생들에게 해양과학조사선에 대한 궁금한 질문들을 조사하여 기초로 활용했고, 또한 해양과학자가 전하고 싶은 이야기를 여정에 덧붙였다. 첫 번째 여정은 여행 참여자가 희망하는 곳을, 두 번째 여정은 여행 안내자가 추천하는 곳을 선택했다.

이 사진 여행에는 10가지 질문을 탐구의 보물로 사진 여행의 여정 속에 숨겨 두었다. 여행이 끝나면 이 질문에 대한 답을 얻었거나 정보를 얻을 수 있을 것이다. 질문 내용은 비밀이다. 해양 탐험가로 변신한 독자들이 찾아낼 몫이다.

이번 사진 여행에서 자신에게 질문을 던져 보길 권한다. 어떤 물음이라도 좋다. 그 물음이 자신의 궁금증에서 출발했다면 여러분은 해양 탐험가가 된 것이다. 이번 사진 여행을 하면서 독자들이 즐거운 경험과 함께 마음속에 대양을 탐험하는 꿈이 자라나길 바란다.

자, 그럼 우렁찬 뱃고동을 울리며 대형 해양과학조사선 '이사부호' 사진 속 여행지로 출발하자!

대표 저자 김 채 수

차례

01

첫 번째 여정
이사부호 건조 이야기

지금의 울릉도인 우산국을 우리 역사 최초로 영토에 편입시킨 해양 영토의 개척자인 신라 장군이자 정치가인 이사부의 정신을 이어받아 더 큰 바다로 진출하여 해양 강국을 이루겠다는 의지를 담은 이사부호! 첫 번째 여정은 이사부호가 어떻게 만들어졌는지를 살펴보는 이야기이다. 이사부호 설계 과정과 건조 현장과 함께 건조 공정, 선박의 규모와 기능 그리고 우수한 운항 성능을 알 수 있는 장면을 둘러보기로 한다.

해양 강국의 의지를 담은 이름, 이사부호

사람에게 이름이 있듯이 선박에도 이름이 있다. 이를 선명船名이라 하며, 이 선명은 선박의 앞과 뒷부분에 큼지막하게 새겨진다. 보통 자동차와 비행기에는 이름이 없다. 첨단기술의 산물이고 가격도 만만치 않은 자동차나 비행기에는 이름이 없고, 왜 선박에만 이름을 붙일까?

자동차와 비행기는 모델에 따라 생김새가 조금씩 다를 뿐 같은 모양으로 대량 생산되어 팔린다. 반면, 선박은 선주(船主, 배의 주인)가 특별히 모양과 용도를 정하여 제작을 의뢰한다. 즉, 선박은 주문하는 주인(선주)의 요구에 따라 그 모양과 쓰임새가 매우 다르게 만들어지며, 선주는 자신의 선박에 특별한 목적과 의미를 부여하고 싶어 한다. 그래서 선명을 알리는 행사인 명명식은 선주와 선박 건조에 관계한 많은 사람들이 참석하여 근사한 행사를 치른다.

한편, 건조 중인 선박이 이름을 갖기 전까지는 ○○○호라는 가명으로 불린다. 엄마가 배 속에 아기를 잉태하면 태명을 붙이고, 태어난 뒤에야 정식 이름을 지어 주는 것과 같다. 취항하기 전 이사부호의 가명은 'N1025'호였다.

선박을 건조하는 동안 여러 차례 기념행사를 치른다. 선박 건조 과정의 중요한 전환점을 알리는 착공식, 기공식, 진수식, 인도식, 취항식이 있고 선명을 부여하는 명명식 행사도 있다. 특히 선명을 정식으로 부여하는 명명식은 선박 건조 과정의 마무리이자 선박이 세상에 등장함을 알린다는 의미가 있다.

우리가 함께 여행하게 될 종합해양과학조사선의 선명은 '이사부호'이다. 이사부호는 현재 우리나라에서 보유한 최첨단 대형 해양과학조사선이다.

이사부호 선명 선정 과정을 보면, 대국민 공모에 1513명이 참여하였고, 1278건의 응모 후보작을 대상으로 세 차례의 심사 평가와 브랜드 컨설팅업체의 자문을 거쳐 선명을 최종 선정했다. 선명 응모 대상 수상자인 노나린(당시 대학생) 씨는 해양수산부장관상과 상금

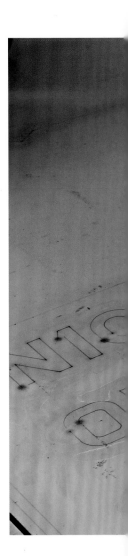

을 받았고, 이사부호 건조가 완료된 후 3명의 우수상 수상자들과 함께 일반인 자격으로 첫 시험 항해에 승선하는 기회를 얻었다.

'이사부호'라는 선명은 지금의 울릉도인 우산국을 우리 역사 최초로 영토에 편입시킨 해양 영토의 개척자인 신라 장군이자 정치가인 이사부의 정신을 이어받아 더 큰 바다로 진출하여 해양 강국을 이루겠다는 의지를 담은 것이다.

진수식과 명명식을 겸하여 진행한 진수·명명식 행사에는 많은 손님이 참석하여 축하해 주었다.

▲▲ 명명식 행사를 위해 선명을 가린 조사선
◀◀ 배 이름을 처음으로 알리는 '이사부호'
▼▼ 시험 항해를 떠나는 이사부호

이사부호의 분류와 규모

여행을 할 때 여행지에 대한 대강의 정보를 알아 두면 유익하다. 외국 여행을 계획한 경우 그 나라의 언어와 문화를 미리 익혀 두면 그 여행은 더욱 즐거울 것이다. 이사부호 사진 여행도 마찬가지다. 선박과 선박을 건조하는 조선 분야의 기본 용어를 알아 두면 더 재미있는 여행이 될 것이다.

먼저 선박의 정의를 알아보자. 「선박법」에 따르면 선박이란 '수상 또는 수중에서 항행용航行用으로 사용할 수 있는 배 종류'를 말한다. 『선박항해용어사전』에 따르면, 선박이란 부양성浮揚性, 적재성積載性 및 이동성移動性 세 가지 기능을 갖춘 구조물을 뜻한다. 부양성이란 물 위에 뜨는 기능, 적재성이란 물건이나 짐 등을 싣는 기능, 이동성은 움직일 수 있는 기능을 뜻한다.

선박 규모는 선박의 자체 무게와 적재할 수 있는 짐의 무게를 톤수로 각각 표시하고, 조사선은 일반적으로 자체 무게 톤수로 표시한다. 선박은 사용 용도로 구분하기도 한다. 승객을 운송하는 여객선, 화물을 나르는 화물선, 석유 같은 유류를 싣는 유조선, 필요상 자체 항해력이 없는 끌배(예인선)와 이 끌배를 일시적으로 이동시키는 바지선(부선)이 있다. 그리고 여러 가지 목적에 따라 용도가 다른 기타 선박으로 분류한다.

해양조사선은 「선박법」의 분류상 기타 선박에 속한다. 해양조사선은 바다의 상태를 탐사하고 바다에서 일어나는 수많은 현상을 조사하는 한편, 여러 가지 장비를 이용하여 시료를 채취하는 등 특수한 목적을 위해 만들어진 선박이다.

한편, 해양을 연구하는 데 이용하는 선박을 미국식 영어로는 'Research Vessel(R/V)'이라고 하며 연구용 선박 또는 연구선으로 번역할 수 있다. 영국인들은 이러한 선박을 'Royal Research Ship(RRS)'이라고 한다. 우리는 연구선 또는 조사선이라는 용어로 혼용하여 사용한다. 그러나 단순 자료나 시료를 채취하는 조사만이 아닌, 배 안에서 분석과 실험이 가능하고 현장 탐사 자료와 정보 처리를 할 수 있는 선박은 연구선이라고 부르는 것이 더 바람직하지 않을까? 아무튼 이 여행에서는 국가연구 개발 사업으로 추진한 건조 사업명에 표기된 '조사선'으로 부르기로 한다.

이사부호는 전장 99.8미터, 폭 18미터, 항해속력 최대 15노트, 총톤수 5894톤의 대형 조사선이다. 전장이란 선박의 앞부분을 바라보는 기준으로 세로 길이를 말하고, 폭이란 가로 길이를 가리킨다. 이사부호의 높이는 아파트 15층 높이에 해당하는 42.4미터이고, 흘수는 6.3미터이다. 배는 물에 떠 있을 때 일정 부분이 물에 잠기는데, 흘수란 이처럼 선박이 정박해 있을 때 수면에 잠겨 있는 부분의 높이를 말한다.

이사부호의 규모가 얼마나 되는지 상상할 수 있도록 우리가 잘 아는 것들과 비교해 보면 다음과 같다. 무게로 보면 코끼리 중 덩치가 가장 큰 아프리카코끼리(수컷이 평균 5.5톤) 1천 마리보다 큰 규모다. 선박 규모에 따라

▲▲ 독일의 심해 연구선 RV SONNE호

연료와 음식물 저장 공간 크기의 차이가 있으므로 선박의 크기는 항해 거리와 항해 능력을 결정한다. 이사부호는 항해 도중에 물과 연료의 공급 없이도 지구 반바퀴에 해당하는 거리를 항해할 수 있는 능력이 있다. 만일 부산에서 출항한다면 물, 음식, 연료를 중간에 보급받지 않고도 호주 시드니에 갔다가 다시 돌아올 수 있는 능력이 있다는 뜻이다.

대양을 항해할 때 가장 위험한 것은 거친 파도라고 할 수 있는데 파도 높이에 따라 0부터 9등급까지 10단계 등급으로 분류하고 이를 해상 상태라 한다. 해상 상태 숫자가 클수록 거친 파도를 나타내며 파도 높이가

14미터 이상일 때가 해상 상태 9이다. 해상 상태 9등급은 태풍이 올 경우에 해당한다.

이사부호는 해상 상태 6(파도 높이 6~9미터)에도 정상적인 탐사 활동을 할 수 있고, 해상 상태 8(파도 높이 9~14미터)에서도 운항이 가능하다. 해상 상태 8의 운항 능력이란 아파트 5층에 해당하는 높이를 오르내리는 거친 파도 속에서도 항해를 할 수 있다는 뜻이다. 이처럼 이사부호는 우리나라 최고의 군함인 이지스함 수준의 해황(바다 상황) 극복 능력이 있는 대형 조사선이다.

이사부호의 개념 설계

최고 수준의 해양 조사선을 만들려면 어떤 과정이 필요할까? 선박을 건조하려면 먼저 선박의 사용 목적에 맞는 선박의 필수사항, 즉 기본 개념부터 설정해야 한다. 이사부호도 선박의 크기, 최대 속력, 추진기 종류, 항속거리, 탑승 인원수, 복원 능력, 소음 기준, 조정 성능, 선박의 형태 등 선박의 이용 목적에 맞는 필수사항을 설정했다. 또한 장착할 관측 장비와 기기, 연구원과 승무원의 탑승 가능 인원, 각종 실험실 구비 조건과 배치 등도 확정했다. 이러한 작업을 개념 설계라고 하고, 이를 그림으로 나타낸 것을 개념도라 한다.

개념 설계를 바탕으로 선박을 더 자세하게 설계한다. 자세한 설계는 보통 건조사를 선정한 이후에 건조사가 설계하여 선주의 승인을 얻는 형식으로 진행된다. 이러한 자세한 설계에는 기본 설계와 이보다 더더욱 자세한 실시 설계가 있다.

▶▶ 이사부호의 해양 탐사 개념도

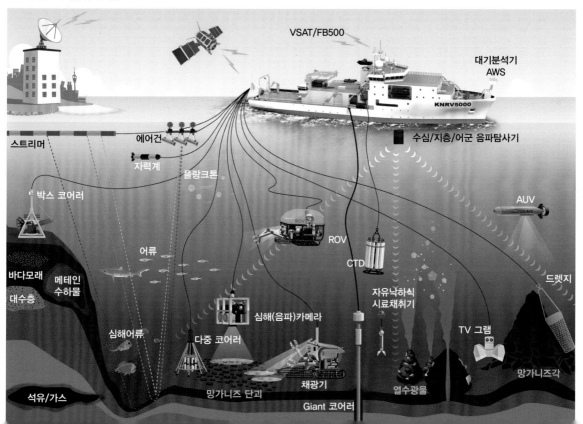

실시 설계에는 상세한 건조 조건들과 건조 공정 순서 등을 반영하여 그린 입체 그림도 포함된다. 이사부호의 입체 설계도와 조감도는 잠시 뒤에 보기로 하자. 한편, 건조의 모든 과정을 시간 순서로 정리한 것을 건조 로드맵이라 한다.

이사부호의 기본 개념을 정하기에 앞서 당시 운영 중인 첨단 조사선 중 모방하고 싶은 조사선을 선정했다. 이를 어머니 선박이라는 뜻인 모선Mother ship이라 한다. 사람은 어머니를 선택할 수 없지만 선박은 닮고 싶은 어머니를 미리 선정하고, 모선의 장단점을 분석하여 장점만을 건조 기본 개념에 반영한다. 어머니의 좋은 유전자만을 선택하여 이어받는 셈이다. 이사부호는 영국의 최신 해양조사선 Discovery호(6260톤, 2013년 건조)를 모선으로 선택했다.

이사부호 건조 개념 설계 작업은 선정한 모선의 장점을 참고하는 한편, 우리가 목적으로 하는 대양 탐사 활동을 가상으로 정리하는 일에서 시작된다. 이후 선박 설계 전문가와 선박을 운항할 승무원을 포함한 탐사 경험이 많은 해양과학자 등 여러 분야의 전문가가 참여하여 장시간 토론을 거쳐 이사부호의 개념이 완성되었다.

이사부호의 개념 가운데 한 가지만 살펴보면, 이사부호는 경유 발전기를 가동해 생산된 전기로 프로펠러를 돌려 운항하는 전기 추진방식을 선택했다. 그 이유는 음향 신호를 이용하여 바다의 특성을 측정하는 장비들에 미치는 소음과 진동의 영향을 최소화하기 위해서이다. 전기 힘으로 큰 배를 움직이므로 에너지 효율은 조금 떨어지지만 소음과 진동을 최소화하여 바다 탐사를 정밀하게 하려는 최선의 방법이다. 이러한 여러 가지 기본 개념을 설정하는 것이 이사부호 건조의 첫 단계이자 가장 중요한 작업이다.

▶▶ RRS(Royal Research Ship) Discovery 호
(사진 출처 : Wikipedia © Andrew)

이사부호의 기본 설계

개념도가 완성되면 이를 기준으로 선박의 크기, 능력 등 선박의 특성 조건들을 반영한 기본 설계 도면을 작성한다. 종이에 배를 그려보고 종이배를 만드는 것이다. 기본 설계는 선박건조회사를 선정할 때 제시하는 시험문제로 활용한다.

선주인 한국해양과학기술원이 제시한 조사선 건조 가격(선가)을 기준으로 기본 설계 내용의 수용 정도와 건조 능력을 평가하여 건조사를 선정한다. 이런 과정을 거쳐 입찰에 참가한 여러 조선사 중에서 STX조선해양㈜가 이사부호 건조사로 선정되었다.

건조사가 선정되었으니 이제 건조가 진행된다.

선박을 건조하는 과정을 건조 공정이라고 하며, 선박 형태의 조각을 뜻하는 선각을 부분별로 제작하고 이 선각들을 용접하여 합쳐 하나의 큰 선박을 건조한다. 마치 레고 블록을 맞추는 것과 같다. 이사부호는 총 11개 층을 블록 60개로 나누어 건조하기로 계획했다.

평면의 설계도를 보아서는 파악하기가 어려워 눈으로 보기에 편하고 이해하기도 쉬운 입체 모형으로 설계도를 그려보고 조감도도 그려본다.

일반 배치도는 설계도를 기준으로 각종 운항 장치와 기관 설비의 설치 장소, 연구실 공간, 관측 장비 장착 위치, 회의실, 식당과 침실, 의료실 등 이사부호의 모든 공간을 배치한 그림이다.

일반 배치도는 선박의 최적 속력과 안전 운항에 영향을 미치는 선박 무게 중심과 균형 그리고 소음과 진동 차단을 고려하여 그린다. 이런 이유에서 조사선 건조 초기 작업 중 설계와 공간 배치가 매우 중요하다. 모든 작업이 중요하지만 무엇보다 공간 배치가 선박의 운항 성능을 좌우하기 때문이다.

▶▶ 이사부호의 설계도

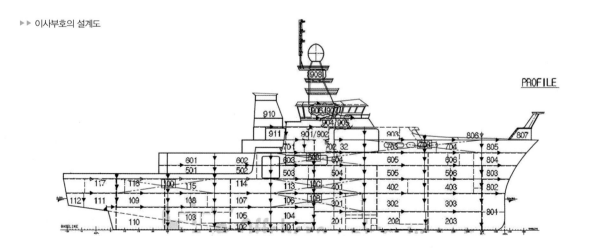

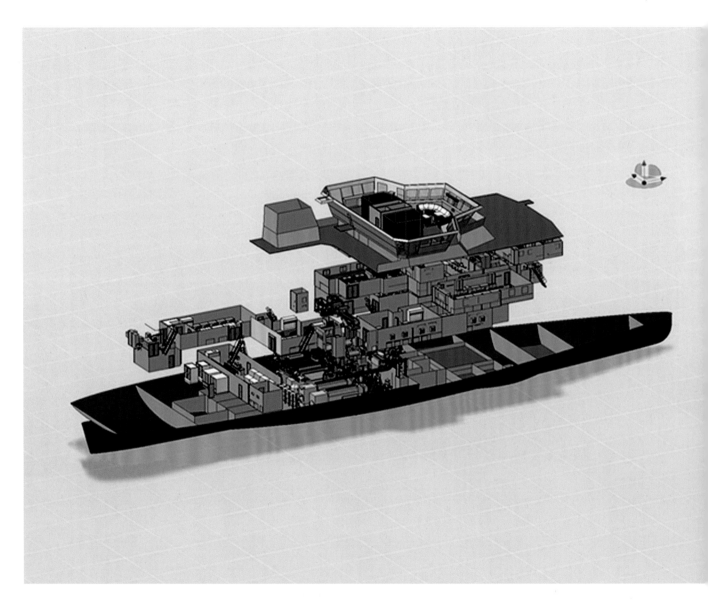

▶▶ 이사부호 입체 설계도

▶ ▶ 이사부호 조감도

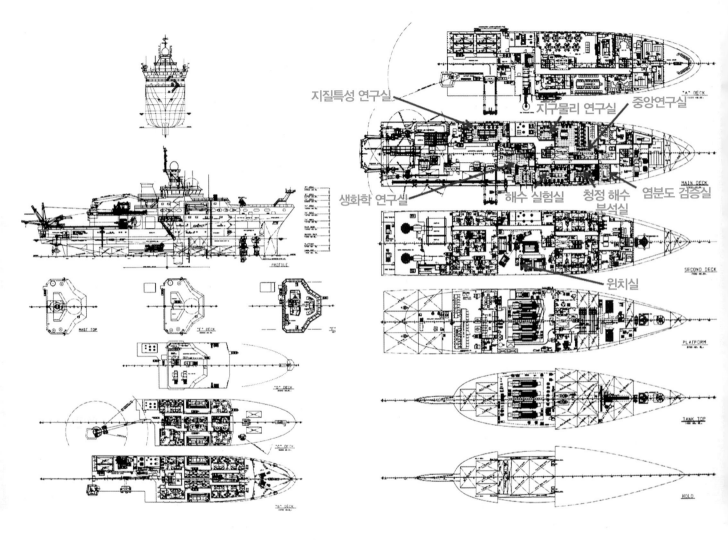

지질특성 연구실

지구물리 연구실   중앙연구실

생화학 연구실

해수 실험실   청정 해수   염분도 검증실
부석실

윈치실

▶▶ 이사부호 일반 배치도

* 윈치실(Winch Lab.) : 밧줄이나 쇠사슬로 무거운 물건을 들어 올리거나 내리는 기계가
　　　　　　　　　　　 설치된 장소

이제 이사부호를 건조한 경상남도 창원에 있는 STX 조선해양㈜ 진해조선소 현장으로 안내한다. 여행자들은 모두 안전모를 착용해야 한다.

▶▶ STX조선해양㈜ 현장(사진 속 사람은 감독관인 저자)

이사부호의 건조 공정

이사부호 건조 공정을 크게 3단계로 나누면, 선박을 어떻게 건조할 것인가를 정리하는 설계 단계, 선박을 만들고 관측 장비들을 장착하는 등 모든 과정을 포함하는 건조 단계, 완성된 선박의 인수 여부를 결정하기 위해 실시하는 시험 과정, 즉 성능 평가 단계이다. 그리고 공정별로 각 단계의 세부 계획을 수립하여 건조 진행을 점검한다.

건조 공정은 선박 모양을 이루는 구조물인 선각으로 사용할 철판 자르기, 철판을 용접하여 작은 블록 만들기, 작은 블록 조립, 블록 도색, 작은 블록끼리 붙여 더 큰 블록을 만드는 작업 등의 순서로 진행된다.

▶▶ 이사부호 블록을 만들기 위해 철판을 자르는 장면

+ 착공식

이사부호의 블록에 쓰이는 10센티미터가 넘는 두꺼운 강철판을 설계도가 입력된 자동 처리 장치에서 절단용 로봇 팔을 조종하여 레이저로 자른다. 절단 공정은 로봇 기술에 따라 자동으로 처리된다.

이사부호 선각 두께는 앞부분에서 중앙부까지는 20센티미터, 배의 밑바닥인 선저 부분은 24센티미터의 두꺼운 강철판으로 만들었으므로 빙하를 만나도 항해에 지장이 없는 내빙 기능을 보유하고 있다.

블록을 만드는 첫 작업인 철판 자르기를 기념하는 착공식은 건조 공정의 시작을 의미하기에 선박 건조가 성공하기를 바라는 마음을 담는다. 일반적으로 건물을 지을 때 공사 시작을 알리는 첫 삽을 뜨는 착공식을 성대하게 치르는 것과 같다.

▶▶ 착공식 사진

+ 선각 공사

착공을 하였으니 계획에 따라 60개 블록을 제작하고 조립하는 공정을 빠르게 진행한다. 이 공정은 선박의 모든 외형을 이루는 골격을 조립하여 만드는 과정으로, 이를 선각 공사라고 한다.

선각 공사는 여러 현장에서 60개 블록을 분담하여 동시에 진행된다. 여러 전문 기술자들이 최선을 다하니 블록들은 하루가 다르게 커져 간다. 이렇게 블록들이 용접으로 맞추어져 이사부호 외형이 만들어진다.

▼▼ 작은 블록들이 조립되는 모습(선각 공사 중 소조립 공정)
▶▶ 작은 블록끼리 붙여 큰 블록을 만드는 모습(대조립 공정)

각 블록에는 조사선의 기능에 필요한 설비와 장비들을 설치할 모든 공간이 담겨 있고, 장치들을 조정하는 전기 케이블들이 들어갈 통로까지도 정확히 확보된다. 각 블록들끼리 크기나 위치가 정확히 맞지 않으면 다시 많은 시간과 돈을 들여서 만들어야 하므로 작은 오차도 허용되지 않는다. 고도의 기술이 필요한 작업이다.

+ 기공식

기공식이란 이사부호가 본격적으로 조립됨을 알리는 행사다. 레고 블록에 비유하자면 다 만들어진 블록들을 배 모양으로 끼워 맞추기를 시작하는 단계라고 생각하면 될 것이다. 기공식 장소는 선각의 60개 블록 중 엔진이 설치될 아래 부분인 가장 중심부의 블록을 설치하는 곳이다.

▶▶ 기공 준비

여행자들은 이 사진에서 혹시 이상한 점을 찾았을까? 그렇다. 건조 장소가 물 위가 아닌 땅 위다. 대형 선박을 땅 위에서 만드는 기술은 우리나라 조선회사가 발전시킨 혁신적 기술이다. 일반적으로 소형 선박은 육상에서 많이 건조하지만 대형 선박의 경우 바다로 띄워 보내기가 무척 어려워서 도크라는 거대한 수조에서 만든다. 그런 뒤 도크에 바닷물을 채운 다음 만든 선박을 바다로 보낸다.

거대한 수조 속에 바닷물을 채워 배가 뜨면 도크의 문을 열어 바다로 배를 띄우는데, 이를 진수進水라 한다. 그런데 우리나라 조선회사가 도크라는 거대한 수조 없이도 땅 위에서 대형 선박을 만드는 공법을 발전시킨 것이다. 어쩌면 노아가 대홍수를 대비해 산 위에 배를 지었다는 성경 이야기에서 힌트를 얻었는지도 모르겠다. 사실 땅에서 배를 만드는 가장 큰 이유는 비용을 절약하기 위해서다. 대형 도크를 만들려면 비용이 엄청

▶▶ 기공식 행사

나게 많이 들기 때문에 땅 위에서 배를 짓는 고도의 기술을 개발했다. 건조회사는 땅에서 배를 만든 다음 만들어진 배를 차로 운반하여 바다에 띄우는 방식을 선택한 것이다. 장난감 배라면 간단한 일이겠지만 이사부호를 차로 운반한다는 것은 지구에서 가장 큰 흰수염고래(평균 몸무게 150톤) 40마리를 차로 운반하는 것과 같은 엄청난 일이다.

어쨌든 우리나라는 이러한 기술력이 있기에 땅 위에서도 얼마든지 배를 만들 수 있게 되었다. 사람은 땅 위에서 일하는 것이 쉬우니까 배를 만들기도 편하다고

생각했는데, 지나간 사진을 보니 어떤 방식으로 일을 했는지 기록으로 남기기에도 소중하리 만큼 뛰어난 기술이라는 생각이 든다.

+ 블록 조립

건조 공정이 진행됨에 따라 이사부호 외형이 길어지고 높아지면서 서서히 선박의 위용이 드러난다. 다음 사진들은 블록을 맞추어가는 과정이다. 밤에는 사진을 찍을 수 없어 야간작업 장면을 보여줄 수 없지만 이 작업은 밤낮 없이 진행되었다.

▶▶ 블록 운반

▶▶ 블록 조립

▶▶ 블록 조립 마무리

여러 현장에서 나누어 만든 커다란 블록 60개를 차량 통행이 적은 야간에 대형차로 건조 현장으로 운반한다. 옮겨온 블록들을 거대한 골리앗 크레인으로 들어 올려 설계한 순서대로 하나하나 맞춰 나간다. 이 공정은 레고 블록을 조립할 때 설명서를 보면서 순서에 따라 조립하는 것과 같다.

+ 건조 공정표

여러 가지 작업들이 진행되는 건조 현장은 대형 장비들이 굉음을 내며 작동하고 수많은 기술자들이 오가는 등 복잡하지만, 건조는 공정표에 따라 질서 있게 진행된다. 블록만 조립되는 것이 아니라 블록 안에 들어갈 엔진, 통신 장비, 음향 관측 장비들, 운항 장치 등이 순서에 맞춰 들어가면서 조립된다.

만일 들어가야 할 큰 장비가 순서에 맞춰 들어가지 않으면 블록을 다시 해체해야 하는 큰 사고가 발생한다. 그래서 설계도면에 따라 순서에 맞춰 조립을 진행해야 한다.

대공정표(MASTER SCHEDULE)   ▶▶ 건조 공정표

1) 주요 EVNET

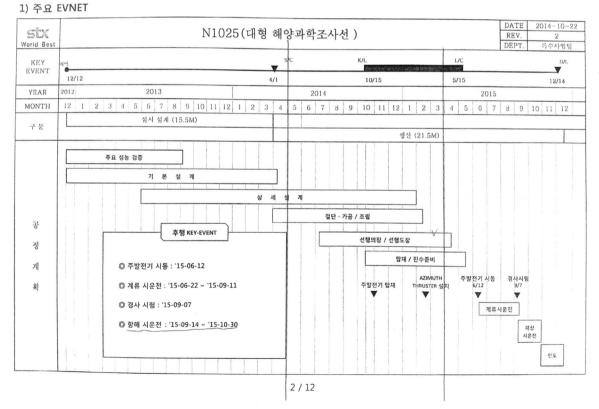

▶▶ 건조 공정을 확인하는 회의

+ 건조 감리와 감독

배를 만드는 작업장에서는 모든 사람이 바쁘다. 감독관도 예외는 아니다. 감독관은 보통 모든 것이 끝난 다음에 확인만 하는 사람이라고 생각할 수 있다. 하지만 배가 60개 블록으로 나뉘어 있고 하나의 블록 안에도 수백 가지 설치물이 있으므로 각각의 모든 것을 확인하고 감독하는 것은 보통일이 아니다.

건조를 진행하는 모든 공정에 대하여 감독관은 품질 검사와 규격 검사 결과 등을 최종 확인하고 승인 여부를 결정해야 한다. 검사에 합격하지 못하면 그다음 공정이 진행되지 못하기 때문에, 책임을 맡은 전문가들이 쉴 새 없이 감독해서 일을 진행하게 해야 한다.

이 모든 과정을 책임지고 관리하는 업무를 감리라고 한다. 감리는 건조 시공 관리, 품질 관리, 공정 관리 등 건조 전 과정을 확인하고 지도하는 업무를 수행하며, 만일 감리원이 승인한 작업이 나중에 잘못된 것으로

▶▶ 건조 현장을 확인하는 감리원과 감독관들

밝혀지면 감리회사가 모든 책임을 질 만큼 감리원의 책임은 대단히 중요하다.

　이사부호의 감리는 한국선박기술㈜가 맡았다. 선주는 이 모든 감리 과정을 총괄 감독하는데, 필자는 이 감독관 역할을 수행했다. 감독관은 완성된 조사선을 최종 인수받는 책임도 있다. 이렇듯 감독관 업무는 매우 고단한 일이지만 우리나라 최고의 해양조사선 건조를 감독하는 일인 만큼 보람도 크다.

▶▶ 건조 공정을 확인하는 감리원과 감독관들

+ 선박 진수

이제 건조의 마무리 단계인 이사부호 진수 장면을 보자. 앞서 설명했듯이 이사부호는 육상에서 건조되었다. 건조된 이사부호를 무사히 바다로 운반하여 바다에 띄워야 하는 어려운 작업이 남았다. 여러분은 지금까지 본 차 중에서 가장 많은 바퀴가 달린 운반차를 볼 것이다. 바로 이 장면이다. 놀랄 정도로 길지만 운반 차량의 일부일 뿐이다. 이런 차량들이 여러 대가 연결되며, 전체 차량의 바퀴 수만도 1000개가 넘는다. 이사부호의 길이가 100미터쯤 되니 운반 차량 길이는 이보다 더 길어야 한다. 그야말로 장관이다.

운반 작업은 아프리카코끼리 1000마리 또는 흰수염고래 40마리의 무게를 운반하는 것에 비유할 수 있다. 자동차에 비유한다면, 레저용 차량이 보통 2톤이니 3000대와 맞먹는 엄청난 무게. 이사부호의 가격(선가)이 986억 원이나 되는 거액이므로 잘못 되면 대형

▶▶ 선박 운반용 차량

참사다. 그래서 운반하는 속도는 그야말로 거북이걸음 속도다. 이사부호의 운반 이동 거리는 사람이 뛰어가면 20분도 채 걸리지 않을 3킬로미터 남짓하지만, 운반 작업은 이른 아침에 시작하여 저녁이 되어서야 겨우 끝이 났다.

이사부호를 레일 선반에 올려 바지선에 싣는다. 바다에서 이사부호는 스스로 자유롭고 날쌔게 다닐 수 있지만, 육지에서는 각종 기계의 도움을 받아 움직인

다. 크레인으로 이사부호를 서서히 바지선으로 옮기고 있다.

바지선은 이사부호를 싣고 바다에 띄우기에 적당한 수심의 해역으로 이동한다. 적당한 수심이라 함은 이사부호의 흘수, 즉 물에 잠기는 깊이가 6.3미터이니 이보다는 훨씬 수심이 깊은 안전한 해역을 말한다. 안전한 해역에 도착한 뒤에 바지선 안으로 바닷물을 채워 넣는다.

▶▶ 운반 차량을 이용하여 옮기는 장면

▶▶ 이사부호를 바지선에 싣는 장면
▼▼ 바지선에서 바다에 띄우는 이사부호

정확히 설명하면 반 잠수식 기능의 바지선이 가라앉으면서 바닷물이 들어오는 방식이다. 바닷물이 천천히 들어오고 이부사호가 드디어 서서히 바다에 뜬다. 이사부호는 이제야 부양성을 발휘하여 바다에 떠 있는 배가 되었다. 그러나 아직은 스스로 움직이는 이동성은 없다.

이사부호는 바다에 떠 있지만 엔진을 작동이 할 수 없어, 작지만 힘이 센 끌배에 이끌려 정박지로 이동한다. 아직 조정 능력조차 없는 이사부호를 끌배 두 척이 바쁘게 오가며 방향을 잡아 마무리 작업 장소인 정박지로 안전하게 인도한다. 작은 배에 의존하여 이동해야 하므로 만일 이사부호가 사람이라면 자존심이 무척 상할 것이다.

▶▶ 끌배에 이끌려 부두로 이동하는 이사부호

▶▶ 무사히 부두에 정박한 이사부호

+ 선박 내장 공정

이제 이사부호는 정박지에 안전하게 이동되어 위용을
자랑하고 있다. 이사부호가 정박지에 도착했다고 공정
이 완료된 것은 아니다. 이사부호는 차량과 바지선에
실려 이동해야 했기에 되도록 무게를 줄여야 했고, 따
라서 무거운 장비들과 내부 시설들은 아직 설치되지 않
았다. 이제 정박지에서 해야 할 작업이 남은 상태이다.

정박지에서는 선박 갑판에 설치할 관측 장비와 크
레인 등 무거운 장비들을 장착하고 내부 장식 등 마무
리 작업이 진행된다. 아파트 건물을 다 지은 뒤에 주방
가구와 전등을 설치하고 벽지를 바르는 등 실내장식을
하는 것과 마찬가지이다. 내부 장식 작업을 내장 공정
이라고 하며, 연구원과 승무원이 일상적인 생활을 하
는 객실의 내부 장식, 각 구간에 전기 장치 설치, 전기
선과 통신선 설치 등 마무리 공정을 말한다.

또한 체육관에 운동기구 설치, 식당 식기류 구비, 의
료실 장비 설치 등 사소하지만 선상 생활에 필요한 모
든 비품을 갖추는 일도 진행된다. 최악의 선박 사고가
났을 때 탈출에 이용할 구명정과 바다에 띄워 놓은 장
비를 찾아올 때 사용하는 해상 작업용 보트 장착 작업
도 진행된다. 큰 배에 작은 배를 싣고 다니는 셈이다. 각
방의 화장실에 비데 설치, 여성 과학자 전용 객실에 화
장대 설치 등도 마무리 내장 공정에 포함된다.

▶▶ 정박지에서 마무리 공정 진행

▶▶ 해상 작업용 보트

+ 선박 성능 평가

이제 여행 첫 번째 여정의 마지막 단계다. 완성된 이사부호 인수 여부를 결정하기 위해 실시하는 시험 과정인 성능 평가 과정을 보기로 하자. 인수 여부란 건조회사가 만든 배를 선주가 약속한 비용을 지불하고 받아갈 것인가 여부를 결정하는 것이다.

선주는 배가 설계한 대로 지어졌는지를 점검하고 배의 모든 장비의 기능을 확인하며 성능을 평가한 후 그 결과에 따라 인수 여부를 결정한다. 만일 성능 평가 결과가 약속했던 성능에 미치지 못하면 요구사항이 만족될 때까지 많은 비용을 들여 보완해야 하므로, 성능 평가는 매우 세심하고 엄격하게 진행된다.

▶▶ 이사부호의 성능 평가 과정

성능 평가는 배를 정박한 상태에서 각종 기기와 장치를 시험해 보는 계류 시운전과 직접 바다로 나가 현장에서 모든 성능을 평가하는 해상 시운전으로 나누어 진행된다. 그리고 조사선의 모든 성능이 합격되면 배를 인수한다.

이사부호의 성능 평가 장면은 여행의 두 번째 여정인 해양 탐사 장면과 비슷하므로 여기에서는 사진 몇 장으로 간단히 둘러보고 이번 여정을 마무리한다.

▶▶ 이사부호의 성능 평가 과정

+ 대형 해양과학조사선, 이사부호 탄생

마지막 공정인 이사부호 성능 평가를 끝으로 대형 해양과학조사선 건조라는 대규모 국가사업은 성공리에 완수되었고, 대단원의 막을 내렸다. 2012년 12월에 건조사와 계약을 체결하고 건조를 시작하여, 건조 기간만 3년 5개월이 걸린 그야말로 길고도 힘든 과정이었지만 가슴 뿌듯하고 큰 보람이 있는 일이었다.

이로써 우리나라는 세계에서 아홉 번째로 4000톤급 이상의 대양 탐사용 대형 해양과학조사선을 보유한 나라가 되었다. 이제 우리나라는 38명의 연구원을 포함하여 총 60명이 이사부호를 타고 먼 대양에서 55일 동안 연속 탐사 활동을 할 수 있게 되었다. 이러한 탐사 활동으로 대양의 생물자원 이용과 광물자원 개발은 물론, 엘니뇨와 지구 온난화 등 전 지구적 문제에 대한 연구를 주도할 수 있을 것이다.

우리 주변 나라들은 어떤 조사선을 보유하고 있을까? 우리나라가 이사부호를 건조하는 기간 동안 우리와 바다를 맞대고 있는 중국과 일본 역시 새로운 대형 해양과학조사선 건조를 시작했다. 국가정책으로 '일대일로一帶一路'를 내세우며 해상 실크로드 개척을 추진하고 있는 중국은 7000미터 수심까지 사람을 태우고 잠수할 수 있는 유인잠수정 자오룽蛟龍호를 이미 보유하고 있고, 4800톤급 조사선 샹양홍向陽紅호 건조를 추진했으며, 앞으로도 여러 척의 대형 조사선을 추가로 건조할 예정이다.

일본은 이미 57000톤의 초대형 해양조사선 치큐地球호를 비롯하여 해양조사선단을 이끌고 있을 뿐만 아니

라 이사부호 건조와 같은 해에 5800톤급 해양지질 특수조사선 카이메이開明를 새로이 건조했다. 동북아시아 세 나라가 해양과학 기술력을 키워 바다에 대한 지식을 선점하기 위한 치열한 경쟁을 벌이고 있다.

우리나라의 첨단 해양과학조사선 이사부호는 전 지구 대양을 탐사할 수 있도록 수심 8000미터까지 시료 채취와 탐사가 가능한 초정밀 염분·온도·압력 측정기, 심해 영상카메라 등의 관측 장비를 탑재했다. 뿐만 아니라 수심 1만 미터까지도 관측할 수 있는 다중음향 측심기, 과학 어군 탐지기fish finder, 음향 유속 측정기 등 첨단 음향 관측 장비들을 장착하고 있다. 또한 바다 현장에서 관측한 자료와 정보를 수천 킬로미터 멀리 떨어진 한국의 연구자에게 실시간으로 전달할 수 있는 첨단 통신 시스템을 갖추었다.

한편, 배에서 발생하는 엔진 소음, 프로펠러 돌아가는 소리, 장비 작동 소음 등 각종 진동과 소음은 음파를 이용하여 해저 깊은 곳의 바다 밑바닥을 관측하는 데 큰 방해가 되어 정밀한 음향 관측 자료를 얻기가 매우 어렵다. 이사부호는 이런 소음과 진동을 줄일 수 있도록 배의 엔진을 전기로 작동하는 전기 추진방식을 채택했고, 저소음 저진동 운항 설비를 갖추었다.

또한 소음에 민감한 음향 장비들을 한 곳에 모아 배의 밑바닥에 구멍이 내고 4미터를 오르내릴 수 있도록 특수 장치인 드롭 킬Drop keel을 설치했다. 드롭 킬은 음향 관측 장비들에 방해가 되는 소음과 항해할 때 발생하는 바닷물의 기포를 막아주어 정밀한 관측을 할 수 있게 한다.

과학 조사를 위한 운항 능력도 탁월하여 김연아 선수가 얼음판에서 돌듯이 배가 제자리에서 360도 회전할 수 있으며, 바람과 파도의 영향에도 정해진 위치의 반경 1미터 안에 정지하여 머물 수 있는 자율 위치제어 Dynamic positioning 능력을 보유하고 있다. 그야말로 전 세계의 대양을 자유자재로 탐사할 수 있는 해양과학조사선이다.

또 하나의 장점은, 연료를 소모할 때 배출하는 배기가스 가운데 유해한 성분들을 최대한 걸러내는 청정 배기 시스템을 갖추었다. 앞으로 10년 이내에 국제기구의 규제가 예상되는 배기가스 배출 기준을 넉넉히 통과할 수 있도록 한 셈이다.

또한 이사부호는 정보 통신 강국인 우리나라의 기술력이 집약된 선내 정보 통신망의 이용 편의성과 해양 데이터의 실시간 장거리 통신 성능을 높였다. 그리고 조선강국의 기술력을 바탕으로 소음과 진동을 최소화했을 뿐만 아니라 세계 최고 수준의 배기가스 처리와 쓰레기 재처리 능력을 갖추었다. 그야말로 전 세계의 해양조사선과 차별화된, 깨끗하고 똑똑한 배 'Green & Smart Ship'이라 자부할 수 있다.

이제 두 번째 사진 여행인 대양 탐사를 수행하는 장소로 가자. 두 번째 여정에서는 이사부호에 승선하여 대양 탐사 이야기를 들을 수 있을 것이다.

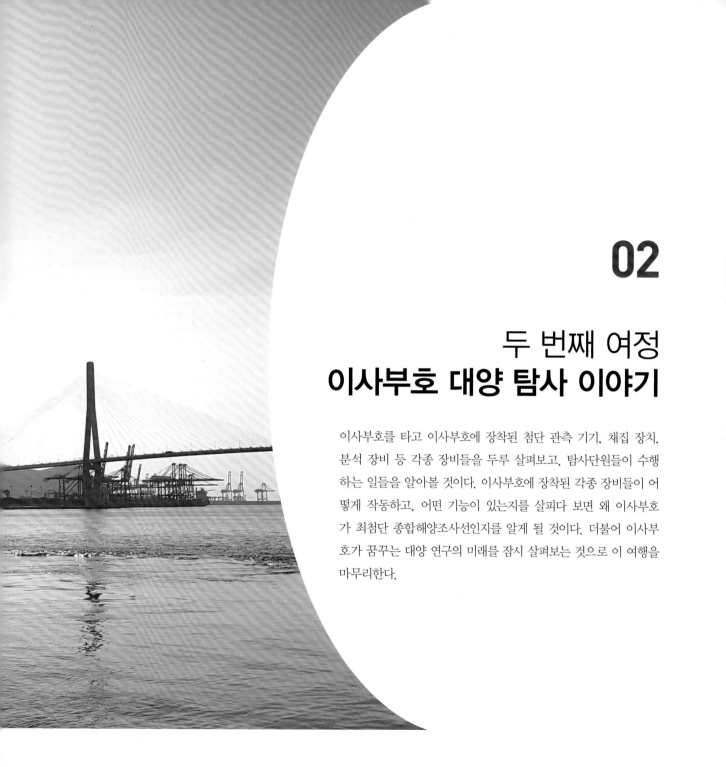

02

두 번째 여정
이사부호 대양 탐사 이야기

이사부호를 타고 이사부호에 장착된 첨단 관측 기기, 채집 장치, 분석 장비 등 각종 장비들을 두루 살펴보고, 탐사단원들이 수행하는 일들을 알아볼 것이다. 이사부호에 장착된 각종 장비들이 어떻게 작동하고, 어떤 기능이 있는지를 살피다 보면 왜 이사부호가 최첨단 종합해양조사선인지를 알게 될 것이다. 더불어 이사부호가 꿈꾸는 대양 연구의 미래를 잠시 살펴보는 것으로 이 여행을 마무리한다.

인도양 탐사를 떠나기에 앞서

이사부호가 서태평양과 인도양을 대상으로 대양 탐사를 떠나기에 앞서 왜 우리는 먼 대양까지 배를 타고 가서 다른 나라들이 접하고 있는 대양을 탐사하는지 알아보자.

서태평양은 우리나라 기후를 좌우하는 쿠로시오 해류의 발원지이자 그 통로이며 우리나라로 들어오는 태풍이 만들어지는 곳이다. 이곳에서는 해양 지각과 대륙 지각이 만나면서 깊은 해저 골짜기가 만들어지고 해저 화산 활동과 지진이 자주 일어나는 등, 복잡하고 다양한 지각 활동이 일어난다.

한편으로 다양한 해양 생물이 서식하는 세계 최고의 해양 생물자원 보고이기도 하다. 지구 온난화 영향으로 북상하는 아열대 해양 생물들도 서태평양 열대 해역에서 우리나라로 올라온다. 서태평양의 북쪽에는 세계에서 가장 많은 수산물이 생산되는 북서태평양 어장이 있다. 명태, 청어, 대구, 연어 등 우리가 즐겨 먹는 어종이 사는 곳이다.

인도양도 우리 생활과 경제에 매우 중요한 바다이다. 인도양의 몬순은 티베트 고원을 거쳐 우리나라에까지 영향을 미친다. 인도양 심해 중심부에 발달한 열수구는 새로운 생물자원과 광물자원의 원천이 되고 있다. 우리나라는 2014년 인도양 심해 열수구에 여의도 면적의 3500배에 이르는 열수광상 광구를 설정하고 독점적 탐사권을 확보하기도 했다. 한편, 인도양의 바닷길은 중동산 석유를 우리나라로 수입해 오는 수송로이며, 우리나라 상품을 유럽과 아프리카로 보내는 수출길이기도 하다.

여러분은 이제 서태평양과 인도양이 우리와 밀접한 관계가 있다는 것을 알게 되었을 것이다.

우리가 이번 여행에 함께 할 탐사단 연구 제목은 'KIOS' 곧 '한국해양과학기술원(KIOST, Korea Institute Of Oceanography & Technology) 인도양 연구(Indian Ocean Study)'이다.

▶▶ 두 번째 여정을 함께할 여행 안내자(이 책의 저자들)

▶▶ 탐사에 필요한 물품들을 이사부호에 싣는 모습

탐사단에 합류하여 대양 탐사에 참여하는 여러분은 승선하기 전 먼저 비행기를 타고 스리랑카로 가야 한다. 스리랑카 콜롬보Colombo 항에서 이사부호가 여러분들을 기다리고 있기 때문이다. 안내자를 따라 이사부호가 있는 곳으로 함께 여행을 떠나자.

+ 한국해양과학기술원 남해분원의 전용 부두에서 출발

탐사단은 이사부호가 탐사 해역으로 떠나기 전부터 바쁘다. 탐사 기간 중 실험에 필요한 여러 가지 시약과 채집할 시료를 보관하는 시료 상자와 병, 비커, 피펫 등 실험 도구를 비롯해 수많은 물품들을 빠짐없이 챙겨 배에 실어 보내야 한다. 빠뜨린 물품은 비행기로 이동할 때 직접 들고 운반해야 하므로 아주 세심하게 준비해야 한다. 비행기를 탈 때 무료로 운반할 수 있는 짐의 무게는 약 30킬로그램에 부피도 제한되어 있으므로 무거운 짐이나 부피가 큰 탐사 물품과 개인 짐들은 먼저 배에 실어 보내야 한다.

이사부호는 우리나라를 떠나기 전 긴 항해에 필요한 식량, 물, 연료, 의약품, 탐사단이 보낸 물품 등 많은 짐을 가득 싣고 대양으로 이동 항해를 시작한다. 이사부호는 이번 인도양 탐사를 위해 우리나라를 출발하여 동중국해와 말라카 해협을 거쳐 스리랑카 콜롬보항으로 간다. 계획한 탐사 해역에서 가장 가까운 항구로 출발하는 것이다. 이동 항해에는 배를 운항하는 승무원과 이동 항해 중에 관측과 시료 채취를 수행하는 일부 탐사단원만이 함께 승선한다.

대양을 향해 출항하는 이사부호

이번 이동 항해 거리는 약 8000킬로미터이며, 15일이 걸린다.

경상남도 거제시 장목면에 위치한 한국해양과학기술원 남해분원에 이사부호 전용 부두가 있어 모든 준비와 출발은 이곳에서 시작한다.

+ 비행기를 타고 이동하는 탐사단원

대부분의 탐사단원은 시간 절약을 위해 긴 이동 항해에는 승선하지 않고, 그 기간 동안 탐사에 필요한 사전 조사와 준비를 한다. 모든 준비를 마친 탐사단원들은 비행기를 타고 이동하여 탐사 해역에서 가장 가까운 콜롬보항에 도착, 대기하고 있는 조사선에 승선한다. 탐사를 마치고 돌아올 때도 마찬가지이다. 물론 필요에 따라 우리나라에서 출발할 때부터 승선하여 탐사를 수행하는 탐사단원도 있지만 최소 인원만이 이동 항해에 참여한다.

해양 탐사는 바다의 여러 가지 현상을 관측하고 시료를 채취하여 분석해야 하므로 탐사단은 탐사 목적에 따라 물리, 화학, 생물, 지질, 공학 등 여러 분야의 해양과학자들로 구성된다.

스리랑카 공항에 도착하여 버스를 타고 콜롬보항에 도착하니 먼저 도착한 이사부호 승무원들이 탐사단을 반갑게 맞이한다. 기념사진도 한 장 찍는다.

자, 배의 운항을 담당하는 승무원들을 따라 우리나라 최첨단 대형 해양조사선 이사부호를 타고 인도양으로 떠나기로 하자.

▼▼ 인천 공항 출발 전 탐사단의 기념 촬영
▶▶ 인천을 출발하여 스리랑카 공항에 도착한 탐사단

▶ 콜롬보항에 먼저 도착한 이사부호 승무원들과 탐사단의 만남

이사부호를 타고 인도양으로!

+ 객실 배정

먼저 탐사단원들은 각자의 객실을 배정받는다. 자신의 방을 확인하고 개인 짐을 정리한다. 이사부호에는 객실이 46개 있다. 최대 승선 가능 인원이 60명이므로 탐사단원이 적은 경우를 제외하면, 탐사 기간 동안 대부분 한 방에 두 사람이 함께 생활한다. 하지만 예전보다 객실 환경은 많이 좋아졌다.

이사부호가 건조되기 전에 주로 이용했던 온누리호(1422톤)에서는 거의 모든 대원이 2층 침대 구조로 된 방에서 두 명씩 함께 생활해야 했다. 배 멀미와 장기간의 승선 생활에 지친 대원들에게 비좁고 답답한 상자 속 같은 2층 침대 구조는 무척 열악한 환경이었다. 더구나 2층에 있는 침대를 사용하는 대원들은 흔들리는 배에서 침대에 오르내리기조차 힘들었다.

크기에 걸맞게 이사부호에는 객실이 크고 침대가 두 개 있다. 침대 외에도 책상, TV, 화장실 겸 목욕실, 개인별 옷장 등이 갖춰져 있고, 각 객실에서 인터넷과 무선통신이 가능하여 예전보다 훨씬 환경이 안락하다.

DECK	객실명	배치	전화번호
C Deck (9)	Captain RM	Captain	201
	Chief officer RM	Chief officer	202
	2ND officer RM	2ND officer	203
	3RD officer RM	3RD officer	204
	Chief engineer RM	Chief engineer	301
	1ST Engineer RM	1ST Engineer	302
	2ND Engineer RM	2ND Engineer	303
	3RD Engineer RM	3RD Engineer	304
	Chief scientist RM	노 태 근	551
B Deck (17)	Quartermaster(A) RM	Quartermaster(A)	206
	Electronic Engineer	Electronic Engineer	
	Quartermaster(C) RM	Quartermaster(C)	208
	Boatswain RM	Boatswain	205
	Quartermaster(B) RM	Quartermaster(B)	207
	Oiler(C) RM, Mr.Park	Oiler(C)	306
	Sailer(A) RM	Sailer(A) Mr.Kim.	209
	Sailer(B) RM	Sailer(B) Mr.Kim	563
	Sailer(C) Rm	Sailer(C) Mr.Um	564
	1ST oiler RM	1ST oiler	305
	Oiler(A) RM, Mr.Cho	Oiler(A)	307
	Oiler(B) RM, Mr.Kim	Oiler(B)	210
	Chief Electrician	Chief Electrician	308
	Chief cook RM	Chief cook	212
	Cook(A) RM	Cook(A)	213
	Cook(B) RM	Cook(B)	214
MAIN(2)	NO.1 scientist RM	김 석 현	552
	NO.2 scientist RM (2P)	강 동 진	556
	NO.3 scientist RM(여성전용, 2P)	최 상 화 / 손 루 르 나	557
	NO.4 scientist RM (1P)	강 정 훈	553
	NO.5 " (2P)		558
	NO.6 " (1P)	박 건 태	554
	NO.7 " (2P)	구 본 화	559
	NO.8 " (2P)	Lourhzal Abdelaziz / 이 종 현 (보안요원)	560
	NO.9 " (2P)	J.Michael Strick / David Zimmerman	561
	NO.10 " (2P)	Dimitriou Stelios (보안요원)	562
2ND Deck (32)	NO.11 " (2P)	김 도 훈(갑판원), 00시~04시, 12시~16시	563
	NO.12 " (2P)	엄 석 필(갑판원), 04시~08시, 16시~20시	564
	NO.13 " (2P)	이 경 목, 정 우 영	565
	NO.14 " (1P)	강 현 우	555
	NO.15 " (2P)	조 보 은 / 김 민 주	566
	NO.16 " (2P)	김 대 연 / 이 명 수	567
	NO.17 " (2P)	문 초 롱 / 조 소 설	568
	NO.18 " (1P)	장 경 일	569
	NO.19 " (2P)	김 인 태	570
	NO.20 " (2P)	이 호 영 / 이 승 지	571
	NO.21 " (2P)	최 진 호	572
	Gymnasium & day RM		
	계		

▶▶ 객실 배정표

+ 탐사 계획 회의

탐사단원들은 탐사 해역으로 출항하기 전 이번 탐사 중에 해야 할 일들과 일정 등을 확인하는 회의를 한다. 이번 탐사에서는 우리나라 기후에 큰 영향을 미치는 인도양 몬순 현상과 관련한 해양 특성들을 관측한다.

인도양에 관한 해양 연구는 태평양이나 대서양에 비해 상대적으로 부족하다. 인도양을 둘러싼 나라들이 이에 관한 해양 연구에 관심이 부족하거나, 국가 경제 여건상 해양 탐사에 투자하기 어려운 국가가 많기 때문일 것이다. 지도를 펼쳐 인도양과 주변 나라들을 살펴보면 여행자들도 이러한 상황을 짐작할 수 있을 것이다.

오히려 미국, 영국, 일본 등 다른 대양에 접한 선진국들이 인도양 연구에 열을 올리고 있다. 이번 우리 탐

▶ ▶ 탐사 계획 회의

사에는 미국 NOAA(National Oceanic and Atmospheric Administration, 국립해양대기청) 소속의 연구자들이 참여했다.

우리나라 역시 인도양에 접해 있지 않을 뿐만 아니라 우리에게 인도양은 멀고도 먼 대양이다. 이런 바다에서 해양 선진국들과 어깨를 나란히 하며 해양 탐사를 한다는 것은 우리나라 해양과학기술의 힘이 그만큼 세계적 수준으로 성장하고 있다는 뜻이기도 하다. 대형 종합해양과학 연구선 이사부호를 만든 이유도 바로

이러한 국제 공동 연구를 수행하기 위함이다.

드넓은 대양의 문제를 정확히 알아내려면 엄청난 경비가 필요하고, 다양한 분야의 전문가들이 참여해야 하므로 전 세계가 함께 연구해야 효과적이다. 이에 따라 탐사 규모가 클 수밖에 없으며, 그에 걸맞은 배가 없다면 우리나라가 여러 나라 연구자들과 함께 국제 공동 연구를 주도하기란 불가능하다. 국제 공동 연구로 진행되는 이번 탐사에서 탐사단원들은 인도양의 특성을 연구하고 많은 시료들을 채취할 것이다.

▶▶ 탐사 계획 회의

+ 안전에 대한 교육

대원들은 대양 탐사를 하는 동안 가장 중요한 안전 수칙과 사고가 났을 경우 어떻게 행동해야 하는지에 대한 교육을 받는다.

최악의 경우 배에서 탈출해야 하는 상황에 대비하는 훈련에 대원들은 적극적으로 참여한다. 안전 교육은 생명과 직결되어 있으므로 탐사 때마다 의무적으로 교육과 훈련을 받아야 한다.

+ 출국 수속

이사부호가 콜롬보항을 떠나기에 앞서 배에 탄 모든 사람은 출국 수속을 거쳐야 한다. 비행기를 타고 외국으로 가는 것과 마찬가지로, 배를 타고 스리랑카를 떠나는 것이므로 출국 수속을 밟아야 한다. 절차는 공항 출입국 수속과 같다.

스리랑카 출입국 관리 직원이 탐사단원들의 신원을 확인하고 여권에 출국 확인 도장을 찍는다. 그런데 출입국 심사를 받지 않는 사람도 있다. 바로 우리나라에

▶▶ 안전 교육과 비상 훈련

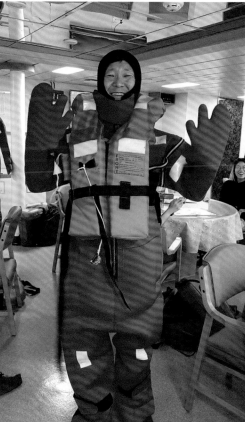

서 출항한 이후 배에서만 생활했던 사람들이다. 배는 한 나라의 영토로 인식되기 때문에 이 경우는 스리랑카에 입국하지 않은 것으로 인정한다. 외국의 바다에서 이사부호는 대한민국의 조그마한 영토인 셈이다.

+ 분석 장비 확인과 실험실 정리

콜롬보항을 떠나 인도양으로 항해를 시작하면 탐사단원들은 분석 장비들을 확인하며 실험실 정리에 바쁘

다. 그러는 사이 이사부호는 서서히 속력을 높여 거친 물살을 가르며 인도양으로 나아간다. 이때부터 탐사단원들에게 가장 힘든 시간이 시작된다. 그 이유는 다음 장면을 보면 이해할 수 있을 것이다.

탐사 활동에서 매번 겪는 첫 번째 어려움은 멀미다. 바다 상태가 좋다 해도 전속력으로 달리는 배에서 많은 탐사단원들이 멀미에 시달린다. 멀미를 하지 않으면 좋겠지만, 어쩔 수 없이 밀려드는 고통의 시간을 각자

▶ ▶ 분석 장비 확인과 실험실 정리

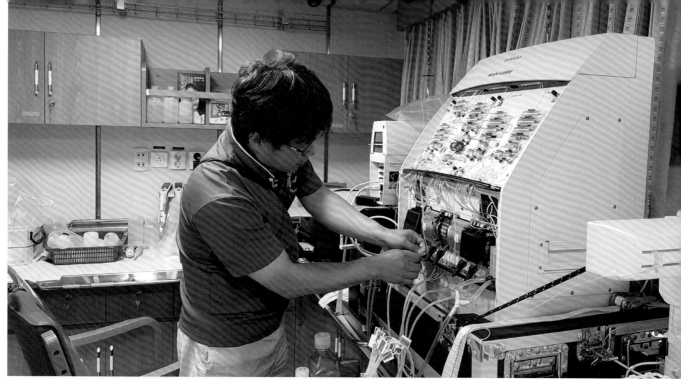

의 방법으로 이겨낸다.

좁은 개인 객실에서 벗어나 넓은 공간으로 나와 있기도 하고, 긴 시간 동안 먹지도 않고 잠만 자기도 한다. 하지만 불편함은 쉽게 해결되지 않는다. 그저 몸이 적응할 때까지 견디는 방법밖에 없다. 멀미를 이겨낸 대원들의 표정은 그 전과 사뭇 다르다. 멀미를 하면 먹고 씻는 것은 물론, 아무것도 할 수 없지만 시간이 지나 적응하면 각자의 임무를 시작한다.

▶▶ 탐사단원에게 가장 고통스러운 이동 항해

탐사 해역에 도착할 무렵이면 어느덧 고통의 시간도 끝이 난다. 선내에 울려퍼지는 방송이 목적 지점에 도착했음을 알려준다.

도착한 지점은 인도양 해역의 동경 67도, 북위 5도 지점이다. 서울이 동경 126도, 북위 37도이니 우리나라에서 남서쪽으로 9000킬로미터가 넘는 거리로 한참 멀리 왔다.

도착 지점의 해황 예보를 살펴보니 탐사하기에 적당한 날씨다. 이제부터 본격적으로 탐사 활동을 시작한다.

▶▶ 이사부호 도착 지점(동그라미 점)과 해황

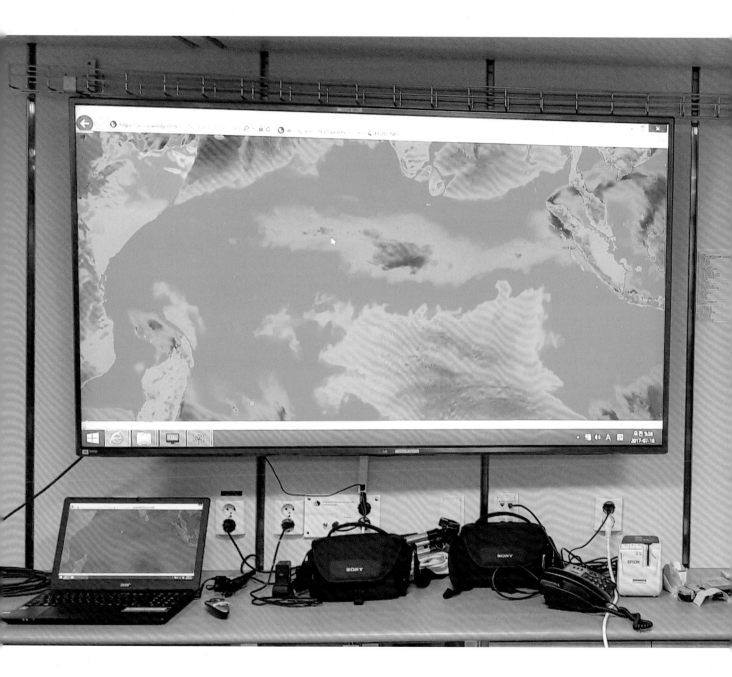

이사부호에서 펼치는
대양 탐사 활동

+ 자동 관측 장비 회수와 설치

탐사단원들이 수행하게 될 여러 탐사 활동을 살펴보자. 먼저, 미국 과학자들이 지난해 인도양에 띄워 놓은 자동 관측 장비를 회수해야 한다.

작업용 보트를 타고 바다에 떠 있는 관측 장비를 끌고 와 이사부호로 끌어올린다. 자동 관측 장비 안에는 일 년 동안 자동으로 관측된 여러 가지 해양 자료가 저장되어 있다. 무엇보다 소중한 자료가 담긴 저장 장치를 회수하고 나면 준비해 온 새로운 장치를 다시 바다에 설치한다.

일 년 전에 띄워 놓은 관측 장비에는 따개비 같은 해양 생물들이 장비에 잔뜩 붙어 있다. 자세히 살펴보니 거북의 손처럼 생겼다고 해서 이름 붙인 '거북손'이다. 거북손은 스페인 고급 요리 재료이다.

해양 생물의 생명력은 참으로 대단하다. 거북손은 부착할 곳이 있어야 잘 성장하는 생물인데, 붙어서 살

▶▶ 작업용 보트를 내려 자동 관측 장비를 찾아 끌고 오는 작업(번호 순)

수 있는 곳을 찾을 수 없는 이 망망대해에서 바다에 띄워 놓은 관측 장비들은 훌륭한 안식처였을 것이다. 이러한 생물의 생명력은 어디에서 비롯되었는지도 좋은 연구거리가 되지 않을까?

+ 퇴적물 채취

계속해서 배 위에서 이루어지는 일들을 살펴보자. 다음은 바다 바닥에 있는 흙(퇴적물)을 채취하는 작업이다. GPC(Giant Piston Corer, 거대 피스톤 채취기)라는 장비를 해저에 내린 뒤 해저 바닥에 닿으면 무거운 추를 떨어뜨려 30미터 길이의 원통형 관에 해저 퇴적물을 채워 뽑아 올린다. 이렇게 채취한 퇴적물은 여러 분야의 연구자들이 다양한 주제의 연구에 활용한다.

지질 해양학자들은 채취한 퇴적물의 성분과 특성을 분석한다. 생물 해양학자들은 퇴적물의 속에 있는 작은 생물들을 연구한다. 화학 해양학자는 퇴적물을 구성하는 원소 성분의 양을 재거나 방사능 동위원소를 분석하여 퇴적물의 나이를 측정한다. 이렇게 같은 시료로 다양한 분야의 해양학자들이 각자의 전공을 바탕으로 연구한다.

이러한 연구 결과들을 종합하여 현재의 해양 환경 특성뿐만 아니라 수천만 년 전의 지구 환경 변화를 알아내기도 한다. 그래서 해양 과학 연구는 서로 다른 분야의 과학자들이 해양에 감춰진 지구 환경 변화를 연구하는 융합과학 또는 다학제적(多學際的, multi and interdisciplinary) 학문이라고 일컫는다.

◀◀ 배 위로 올라온 자동 관측 장비와 부착생물(거북손)
▶▶ GPC 작업 장면(번호 순)

결국 해양과학은 다양한 전공분야 과학자가 참여해야 좋은 결과를 얻을 수 있는 학문적 특성을 지닌 종합학문이다. 따라서 좋은 성과를 얻으려면 혼자 연구하기보다는 다른 분야의 과학자들과 서로 협력해야만 한다.

+ 다층 플랑크톤 채집기

플랑크톤에 대해 여러분은 잘 알고 있다. 다층 플랑크톤 채집기는 이름 그대로 여러 해수층에서 플랑크톤을 채집하는 장비이다.

설명을 덧붙이자면, 다층 플랑크톤 채집기는 한 번의 작업으로 연구자가 원하는 아홉 군데 깊이의 바닷물 속에 사는 플랑크톤을 채집할 수 있다.

플랑크톤은 광합성을 할 수 있는 해수 표층 150미터 이내에 주로 서식하지만 종류에 따라서는 수심 1000미터까지도 서식한다. 다층 플랑크톤 채집기는 수심 층별로 플랑크톤 종류와 양을 알아내는 데 편리한 채집 장치다.

▶▶ 다층 플랑크톤 채집기

+ 청정 해수 시료 채취 시스템

다음 사진은 바닷물에 미량으로 녹아 있는 원소(미량원소)들의 농도 또는 미량원소의 동위원소를 분석하기 위한 해수 시료를 채취하는 장면이다. 해수 중에 극미량으로 존재하는 원소 농도를 정확하게 측정하려면 시료 채취 과정에서부터 최고의 청결을 유지하여 시료가 오염되지 않게 해야 한다.

청정 해수 시료 채취 시스템은 대기 중의 미세 입자나 선박 매연에 포함된 원소들에 시료 채취 용기가 오염되는 것을 방지하기 위해 시료 채취 용기의 뚜껑을 닫고 바다에 내린 뒤 일정 수심에서 뚜껑을 열어 수심에 따라 해수 시료를 채취하는 시스템이다.

▶▶ 청정 해수 시료 채취 시스템

청정 해수 시료 채취 시스템을 구성하는 틀frame의 재질은 티타늄을 사용하였으며, 해수 채취기는 값비싼 테프론 재질로 만들었다. 덧붙여 바닷속으로 오르내리는 청정 해수 시료 채취 시스템의 줄은 오염을 줄이기 위해 특수 재질로 코팅하는 등, 청정 해수 시료 채취 시스템은 되도록 모든 금속 재질의 사용을 최소화하여 제작했다.

이 시스템에는 12리터짜리 채수용 통 24개를 갖추고 있어 각각 24개 층별에서 12리터씩 원하는 청정 해수 시료를 채취하거나 같은 수심에서 모두 288리터의 청정 해수 시료를 채취할 수 있다.

+ CTD 시스템

CTD(Conductivity Temperature Depth, 수심·수온·염분 기록계) 시스템은 해수의 특성을 이해하는 데 필수적인 해수의 염분과 온도를 수심에 따라 연속적으로 측정하여 기록하거나, 전기 신호를 송수신할 수 있는 전도도 케이블을 통해 실시간으로 선상의 컴퓨터로 송신하는 장비이다.

해수의 염분과 온도는, 우리가 몸이 아파 병원에 가면 먼저 체온과 혈압을 측정하는 것처럼 해수의 특성을 일차적으로 진단하는 데 가장 기본적인 자료이다.

이 시스템이 부착되어 있는 틀에는 해수 시료를 채취할 수 있는 12리터짜리 채수병 36개를 원형으로 배열할 수 있다. 36개의 채수병으로 모두 432리터의 해수를 36개의 다른 수심에서 층별로 채취할 수 있다. 소 한 마리(약 450킬로그램) 무게에 해당하는 해수를 한 번에 채취하는 것이다. 이 시스템의 작동은 모두 실내에서 전도도 게이블로 연결된 컴퓨터 모니터 화면을 보면서 원격으로 조종한다.

그 밖에도 물고기의 알을 채집하는 어란 채집기, 영상장치가 부착된 퇴적물 채취기(TV Grab) 등 다양한 해양 시료를 채취하는 채집기가 있고, 음파를 이용하여 갖가지 해양 요소를 측정하는 과학 어군 탐지기, 다중어

▶▶ CTD 시스템

군 탐지기, 정밀 측심기, 다중음향 측심기, 음향 유속계, 지층 탐사기 등 수많은 첨단 관측 장비를 갖추고 있다.

특히, 음향을 이용하는 관측 장비는 앞서 소개한 드롭 킬이라는 장치에 설치하여 배 밑바닥에서 바닷속으로 6미터를 내린 다음 음파를 해저로 쏜 뒤에 되돌아오는 음파를 받아 해저면 퇴적층의 측정과 수심, 지형 등을 조사한다. 우리가 잘 아는 돌고래나 박쥐가 음파를 이용하여 사물을 알아내거나 교신하는 것과 같은 방식이다.

▶▶ CTD 시스템 투하 장면

+ 즐거운 식사 시간과 휴식

지금까지 많은 해양 탐사 장비를 살펴보았지만, 이 장비를 사용하는 사람들은 결국 탐사단원들이다. 그렇다면 탐사단원들은 이사부호에서 연구만 할까? 당연히 그렇지 않다. 단원들은 이사부호에서 평소 일상생활과 마찬가지로 생활한다. 그중에서도 식사를 어떻게 하는지 궁금할 것이다. 이사부호에는 해양 탐사 활동을 하느라 수고하는 탐사단원들에게 맛있는 식사를 제공하는 고급 식당이 있다.

주방에는 한식, 중식, 양식 모든 요리가 가능한 특급 요리사들이 하루 세 끼, 최대 60인분의 식사를 매일 준비한다.

정성스럽게 준비한 음식을 나누며 웃음꽃을 피우는 시간은 힘든 일을 마친 단원들에게 큰 위로를 선물해 주는 시간이다. 탐사 기간 동안 단원들은 함께 생활하므로 모두 한 가족 같은 느낌을 갖는다.

식사 외에도 탐사단원들에게 선물 같은 시간이 있다. 육지에서는 상상도 할 수 없는 아름다운 대양의 풍경을 감상하면서 탐사단원들은 휴식을 취하기도 한다.

망망대해에는 출렁이는 푸른 바다와 구름만이 사방을 에워싸고 있다. 규칙적으로 오르내리는 물결을 보고 있으면 세상이 멈춰 있는 듯하다. 변하는 것은 구름뿐이다. 수평선에 드리운 구름의 모습과 빛깔은 변화무쌍하다. 바다 위의 구름만이 지루한 선상 생활에 변화를 안겨준다. 한 대원은 드론을 날려 하늘에서 자신과 이사부호를 바라본다. 사진으로 찍은 바다 위에 이름을 새기는 재미도 누려본다.

이처럼 아름다운 바다 풍경에는 차마 제목을 붙일 수 없다. 여행자 여러분이 각각의 풍경에 제목을 붙여 보길 바란다.

▼▼ 주방에서 식사를 준비하는 요리사와 준비된 식사
▶▶ 즐거운 식사시간

▶▶ 인도양 풍경(여행자 여러분이 제목을 붙여 보세요)

+ 시료 분석 준비

이제 다음 장소인 실험실로 가보자. 실험실에는 화학약품과 채취한 시료들이 보관되어 있어, 탐사단원들은 평소에도 조심하면서 이동하는 공간이다.

깊은 바다에서 시료를 채취한 각종 장치가 배 위에 도착하기를 기다리는 탐사단원과 잘 준비된 분석 도구와 장비들이 보인다.

시료를 분석하는 실험실은 늘 청결하게 정리되어 있어야 한다. 어렵게 채취한 귀한 시료가 오염되면 모든 수고가 헛된 일이 되고 만다.

채수기가 배 위로 올라오면 각자 필요한 시료를 시료병에 담는다. 시료병에 담긴 시료는 잘 밀봉하여 육상

▶▶ 시료를 기다리는 준비된 실험실

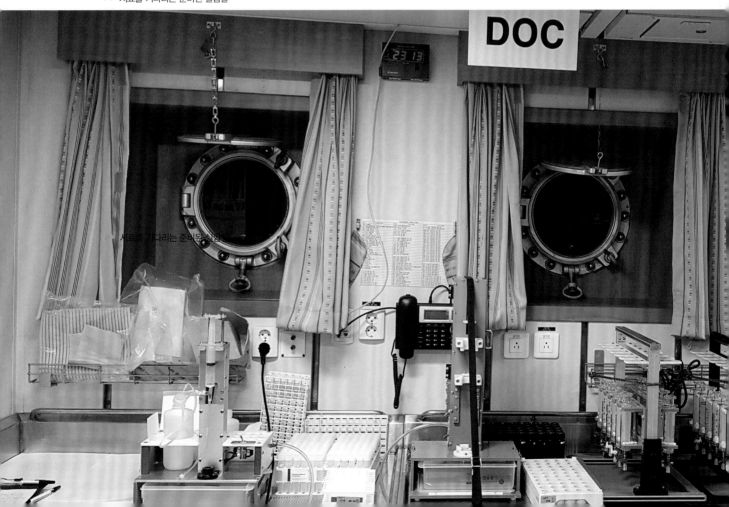

의 실험실에서 분석하기도 하지만, 이사부호에는 넓은
실험실과 다양한 분석 장비를 갖추고 있어 곧바로 분
석 작업이 이루어지기도 한다.

▶▶ 채수기에서 시료를 채취하고 밀봉하는 장면

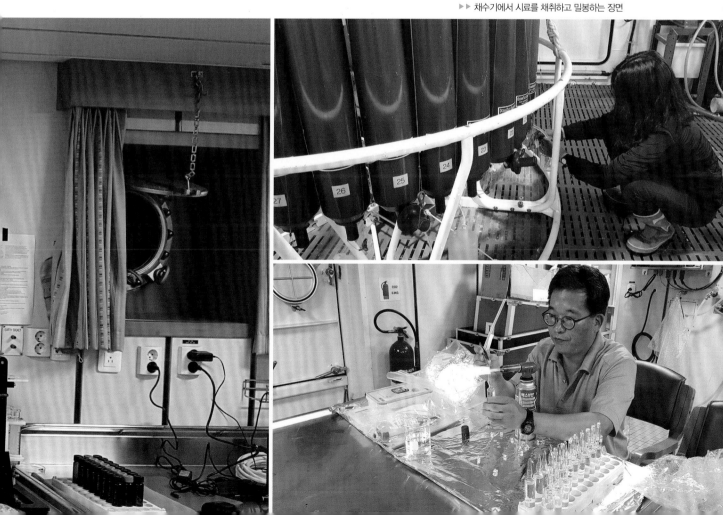

+ 시료 분석 작업

사진의 실험실은 영양염 분석 실험실이다. 영양염이란 바닷물 속에 녹아 있는 규소, 인, 질소 등 영양 성분이 되는 모든 물질들을 말한다. 바닷물에 영양염이 많을수록 좋을까? 영양 성분이라는 말로 그렇게 생각할 수도 있지만 바닷물에 영양염이 너무 많으면 부영양화가 일어나고, 적조가 발생하기도 한다. 우리나라 연안에서 자주 일어나는 적조 현상은 부영양화로 인한 유해 플랑크톤의 이상번식 현상이다. 마치 우리가 영양을 너무 많이 섭취하면 비만을 걱정하게 되는 것과 같다.

먹고 먹히는 과정이 반복되는 먹이순환 과정에서 생태계가 균형을 이루어야 건강한 생태계가 유지된다.

▶▶ 영양염 분석기

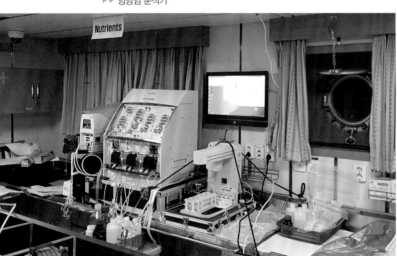

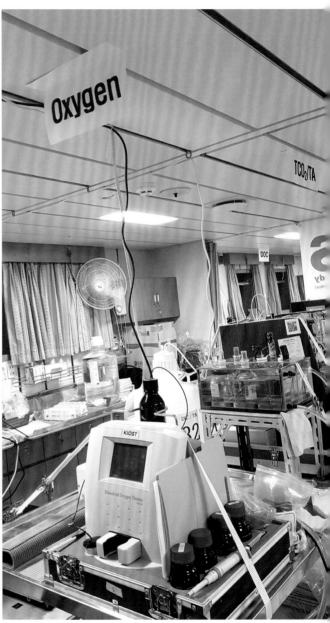

▶▶ 용존 산소 측정기

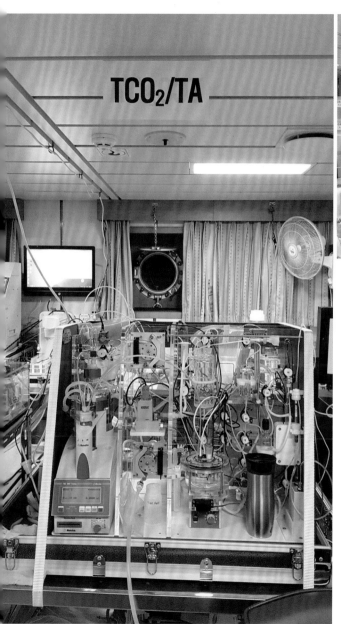

TCO₂/TA

▶▶ 이산화탄소 분석기

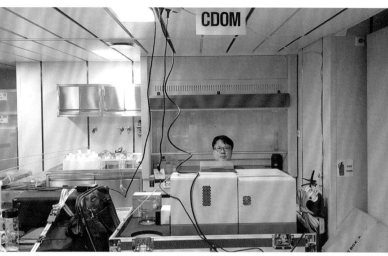

CDOM

▶▶ 용존 유기물 측정기

영양염은 바다에서 최하위 먹이생물인 식물플랑크톤에 영양물질을 제공하는 역할을 한다. 생태계의 물질순환을 밝히면 해양 생태계의 건강도를 예측할 수 있다. 바닷물 속의 영양염을 측정하는 이유가 여기에 있다.

용존 산소 측정기, 이산화탄소 분석기, 용존 유기물 측정기 등 많은 분석 장비들은 바닷물 속의 물질들을 측정하여 해양 물질순환 과정을 밝혀 해양 생태계의 상태를 알아보기 위한 장비이다.

+ 청정 해수 전처리 장비

이 분석기는 청정 해수 채취 시스템을 이용하여 얻은
바닷물 속에 있는 매우 적은 농도의 미량원소를 측정
한다.

　지금까지는 분석에 필요한 청정 해수 채취 장비와
기술이 부족해서 시도조차 할 수 없었던 일이다. 이제
는 이사부호에 청정 해수 채취 시스템과 전처리 장비가
있기에 가능하게 되었다. 이러한 실험실 조건은 국내
최초이며, 그 성능은 세계 최고 수준이라 선진국 연구
자들도 부러워한다.

　이 실험실에서는 시료의 사전 처리에서부터 보호복
을 입고 작업하여 오염을 방지한다. 이 실험 결과로 앞
서 설명한 해양 물질순환을 좀 더 자세하고 정확하게
알 수 있게 된다.

▶▶ 청정 해수 분석실에 설치된 청정 해수 전처리 장비

+ 측정된 자료들을 여러 화면으로 볼 수 있는 중앙연구실

앞서 설명했듯이 이사부호에는 음향을 이용하여 관측하는 여러 가지 장비를 갖추고 있다. 음향 관측 장비들은 배의 바닥에 설치되어 있으므로 사진으로 볼 수 없지만 음향 관측 장비에서 측정하여 보내온 자료들은 중앙연구실에 설치된 여러 시스템을 통해 화면으로 볼 수 있고, 저장할 수도 있다.

주로 해양 물리학자들과 지질학자들이 이 자료를 이용하여 바다의 또 다른 비밀을 밝혀낸다.

▶▶ 측정된 자료들을 여러 화면으로 볼 수 있는 중앙연구실

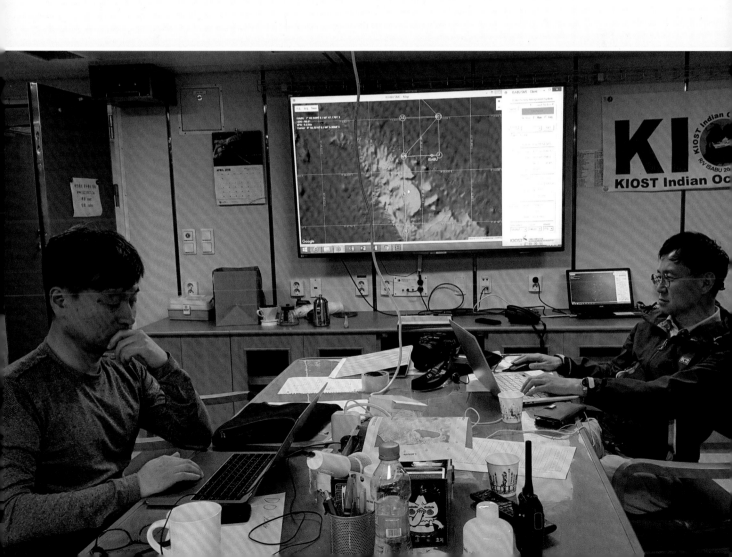

+ 실험에 집중하는 연구원들

배에 올라온 채취한 시료들은 곧바로 실험실로 보내고 탐사단원들은 배가 이동 중임에도 여러 가지 분석을 계속한다. 매우 고되고 지루한 일이지만 최고의 자료를 얻어내기 위해 최선의 노력을 다한다. 멀미에 시달렸던 연구원도 이 즈음이면 회복되어 즐겁게 분석 업무에 집중한다.

장비나 기기가 고장 나면 현장에서 문제를 해결해야만 한다. 먼 대양에 있으므로 돌아갈 수도 없고, 장비 제작회사의 기술자들을 불러 수리를 받을 수도 없다. 탐사단원 중에는 만능 해결사들이 여러 명 있다. 이들 덕분에 대양 탐사를 성공적으로 진행할 수 있다.

▶▶ 이동 중에도 실험에 집중하는 연구원들

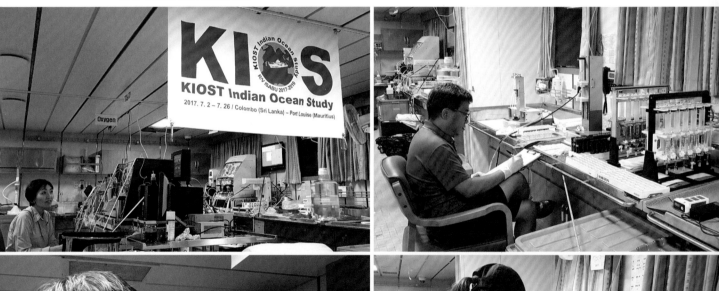

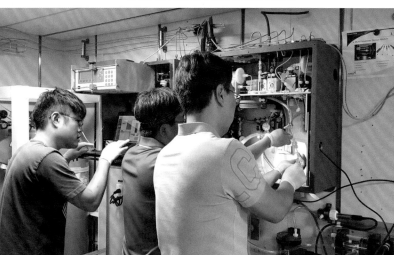

대양 탐사 활동의 마무리

변하는 것은 구름뿐인 망망대해에서 뜻하지 않은 친구들을 만나기도 한다. 여러 종류의 바닷새들이 고단한 날개를 잠시 접고 쉬어 가려고 배에 머문다. 이 바닷새들은 불법 승선자라고 할 수 있지만, 탐사단원들은 항해 중에 만나는 친구처럼 반갑게 맞이한다.

그런가 하면 항해 중에 처음 보는 바다 생물들을 만나기도 하는데, 이 또한 단조로운 생활에 지친 탐사단원들에게 색다른 즐거움을 선사하는 친구들이다.

▶▶ 바다 친구들과의 우연한 만남

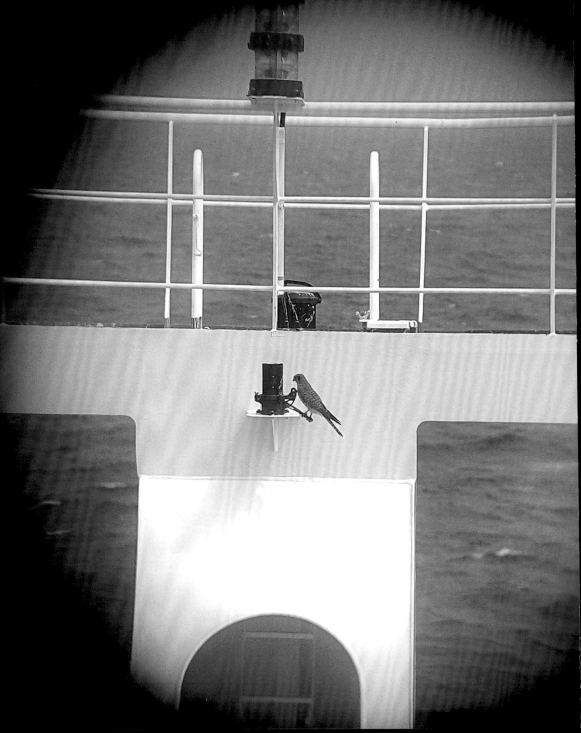

+ 보고서 작성

뭐니 뭐니 해도 바닷새들이 반가운 이유는 이 새들이 나타난다는 것은 곧 항구가 가까워지고 있다는 뜻이기 때문이다. 다시 말해, 이제 긴 인도양 탐사가 마무리 된다는 의미다.

자고 일어나니 그동안 거칠었던 파도는 온데간데없고 바다 물결이 잔잔하다. 객실 창으로 어선들이 보이는 것을 보니 항구가 가까워지고 있음을 짐작할 수 있다.

바닷새 친구들이 전해준 소식은 정확했다. 3일 후면 항구에 도착한다는 방송이 각 객실에 전달된다. 그러나 탐사 업무가 모두 끝난 것은 아니다. 대원들에게 어떤 일들이 남아 있을까?

항구에 도착하기까지 그동안 진행했던 연구를 보고서로 정리해야 한다. 식당 안내판에 보고서 제출 방법을 알리는 공지사항이 붙어 있다. 정해진 양식에 따라 채취한 시료 목록, 분석된 자료 등 그동안 정리해 두었던 내용을 보고서로 작성한다. 이제 서서히 탐사 활동이 끝나 간다.

▶▶ 평온한 바다 풍경

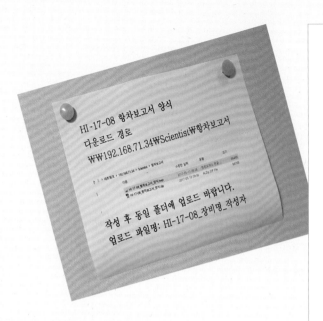

▶▶ 자료 제출 요청 안내와 완성된 보고서 표지

탐사 기간 동안 대원들은 어떤 추억을 남겼을까? 여기서 잠깐 탐사단원과 운항을 담당했던 항해사 가운데 삼등 항해사의 일기장을 몰래 들춰보자. 참고로, 일기를 쓴 탐사단원은 결혼한 지 얼마 되지 않은 새신랑 연구자이고, 삼등 항해사는 입사한 지 몇 년 안 된 여성 항해사다.

〈항해사의 일기〉

2017년 6월 7일 (수)
드디어 2017년 힘찬 첫 항해가 시작되었다. 출항 준비로 정신이 없었는데 객실에 들어오니 긴장했던 마음이 풀리는 것 같다. 이제 익숙해질 때도 되었는데 연구원과 승무원 모두의 안전한 항해와 성공적인 탐사 수행을 위한 시작은 매번 나를 긴장하게 한다.
이번 항해 동안에는 반드시 다이어트에 도전해야겠다. 조리장님의 맛있는 특급 식사로 체중이 늘어나고, 바쁜 승선생활에 지쳐 게을러지기도 하지만, 이번만큼은 헬스장에 가서 운동도 하고 사우나도 하며 일과 건강 두 마리 토끼를 다 잡고 싶다!
차츰 휴대전화가 터지지 않는 것을 보니 육지와 많이 멀어졌나 보다. 바다는 초년 항해사인 나를 혼내는 것 같다. TV만 틀면 나오는 재미있는 프로그램들, 언제 어디서든 사용이 가능했던 휴대전화, 주변에 항상 있던 친구들과 가족들과의 멀어짐은 마음의 빈곤을 안겨준다. 그래서 긴 대양 항해는 평소 소소한 것들에 행복을 느끼지 못했던 나를 깨우치게 해준다. 육지의 편리한 생활을 포기하고도 항해가 항상 즐거운 이유는 모든 상황에서도 웃으며 묵묵히 일하는 동료 승무원들과 아버지같이 따뜻한 마음으로 현명하게 이사부호를 이끌어주시는 선장님이 옆에 있어서가 아닐까 생각한다. 이번 항해에도 재미있고 즐거운 일만 가득할 것만 같은 기분 좋은 예감이 든다. 그 예감을 믿고 나는 내일을 위해 푹 잠을 자야겠다. 이사부호 BON VOYAGE~

〈탐사단원의 일기〉

2017년 7월 10일 (월)

기대 반 걱정 반으로 스리랑카 콜롬보항에서 출항 후 인도양 연구 항해에 나선 지 어느덧
일주일. 국내에 처음 도입된 연구 장비들을 운용하다 보니 첫 정점부터 문제가 생겨
관측사들과 함께 밤새워 가며 문제를 해결하고 나니 이후로는 큰 문제없이 관측이
진행된다. 실험도 생각보다 수월히 진행되고 있어 '잠깐' 여유를 가질 수 있는 하루.
우리나라는 무더위가 본격적으로 시작되는 모양이다. 망망대해에 나오면 가족 걱정이
먼저다. 임신 7개월 차에도 여전히 심한 입덧으로 혼자서 고생하고 있을 아내에게
메시지를 보내며 일과를 시작한다. 망망대해에 있으니 몸과 마음이 불편하지만, 이메일과
SNS를 통해 매일 안부를 전하는 것만으로도 참 고마운 일이다.
국내 최대 초대형 연구선 이사부호를 처음 마주했을 때 넓은 실험실과 객실에 감탄하고
놀랐다. 이런 규모의 배가 운항 중에 이렇듯 소음이 적고 쾌적할 수 있다니. 연구선에
승선할 때마다 잠자리에 예민해 기관 소리, 부딪히는 파도소리에도 예민하던 내가 편하게
휴식을 취하게 되다니, 이쯤 되면 그야말로 소소하지만 완벽한 하루의 시작과 마무리다.
[중략]
연구원에 들어온 지 겨우 반년이지만 이사부호의 심해 성능 테스트와 인도양에서의
첫 대양 연구 항해에 참여한다는 것은 대단한 영광이다. 극지쇄빙선 아라온호를
타고 두 달여의 남극 항해에 참여했을 때에도, 우리나라에 이런 큰 연구선이 생길 수
있구나 감탄했었는데, 실험실 규모가 아라온호에 비해 족히 3배는 커 보인다.
이사부호의 자랑인 넓은 실험 공간. 그간 관측에 참여할 때마다 실험 공간, 실험 테이블

공간의 분배 문제로 매번 겪어왔던 연구원들 간의 드러나지 않는 묘한 신경전이 없어서 더할 나위 없이 만족스럽다. 입항까지 20여 일의 긴 시간이 남았지만 남은 기간 동안 사고 없이 모두 웃으며 연구 항해를 마무리할 수 있으면 하는 바람이다. 모리셔스섬의 따사로운 햇살과 이국적인 풍광이 벌써부터 기다려지는 건 어찌해야 할지······

+ 입국 수속

도착하는 항구는 아프리카 동쪽, 인도양의 남서부에 있는 섬나라 모리셔스 로이스항이다. 로이스항이 가까이 보인다. 이제 다시 모리셔스에 도착했으니 입국 수속을 밟아야 한다. 출입국 관리자와 안전한 정박을 돕는 도선사를 태운 배가 이사부호로 접근한다. 항구 가까이 해양경비정이 이사부호를 주시하고 있다.

입국 수속은 더 복잡하고 까다롭다. 혹시나 불법 입국자가 있을지도 모른다는 따가운 의심의 눈초리에 탐사단원들은 미소로 답한다. 여권 사진과 대조해 보며 도장을 큰 소리가 나도록 찍는다. 이제 입국 수속이 끝났다.

▶▶ 출입국 관리자와 도선사를 태운 배

▶▶ 항구에서 만난 해양경비정

+ 마무리

25일 동안의 인도양 현장 탐사가 모두 끝났다. 계획한 임무를 무사히 마친 탐사단원들은 성공적인 탐사를 기념하여 그동안 생활했던 이사부호 선상에서 기념사진을 찍는다. 부두에 정박된 이사부호를 배경으로 사진 한 장을 더 남긴다. 그리고 크레인으로 내린 개인 짐들을 찾아 귀국길에 오른다.

이사부호는 모리셔스에서 다음 항차 탐사단원들을 기다린다. 다음 항차 탐사단이 올 때까지가 승무원들의 짧은 휴가 시간이다.

오랫동안 힘든 탐사 활동을 무사히 마치고 항구로 귀항한 대원들은 귀국하기 전에 도착한 나라의 해양

연구기관과 교류의 시간도 갖는다. 우리의 인도양 탐사 성과를 모리셔스 해양연구소 연구원들은 진지하게 귀기울여 듣는다.

귀국 여정 중에 짧지만 편안한 휴식과 관광도 즐긴다. 힘든 탐사를 성공리에 마친 연구원들에게 주어진 작은 보상이다.

▶▶ 하선 준비와 하선

▶▶ 현지 해양과학자들과의 학술 교류

탐사단원의 귀국과 함께 우리의 이사부호 여행도 모두 끝났다. 첫 번째 여정은 이사부호 건조 이야기, 두 번째 여정은 이사부호 대양 탐사 이야기였다. 이제 마지막 한 장의 사진을 보면서 이사부호 여행을 마치기로 한다.

이사부호 여행을 함께한 여러분이 이 사진에서 우리나라 해양과학기술의 포부와 이사부호의 원대한 꿈의 대항해를 상상했으면 좋겠다.

지금 이 순간에도 이사부호는 뱃고동을 우렁차게 울리며 또 다른 나라의 어느 항구를 출발하여 거대한 파도를 헤치며 대양의 비밀을 밝히려 앞으로 나아가고 있을 것이다.

여러분의 이 여행이 즐거웠기를 바라면서 이사부호가 전 세계 대양을 누비며 이룬 탐사 대항해의 성과에 대한 새로운 이야기로 다시 만날 수 있기를 희망한다.

▶▶ 이사부호의 대항해 계획